# 伊夫·圣罗兰 谈 YSL

## THE WORLD
## ACCORDING TO

# YVESSAINTLAURENT

[法] 伊夫·圣罗兰（Yves Saint Laurent） 口述

[法] 帕特里克·莫耶斯（Patrick Mauriès）

[法] 让 - 克里斯托夫·纳皮亚斯（Jean-Christophe Napias） 编

刘川 译

重庆大学出版社

# 目 录

# 序

## ——帕特里克·莫耶斯

如同提香的名作《审慎的寓言》，这本书接下来的篇幅为我们描绘了伊夫·圣罗兰的三张不同面孔：早年在Dior 时羞涩而坚定的天才，20 世纪 70 年代处于事业巅峰时期的设计师，晚年被阴影缠绕的痛苦灵魂。就像提香的画一样，这三张面孔展示了构成我们所谓"身份"的特质是如何随着时间的流逝而改变、退缩或变得更强烈的。

圣罗兰身份的第一面，他显然天生便是一位高级定制时装设计师：他是那种从小就被命运做了标记的人，那一串一闪而逝的瞬间——一张无尾晚礼服外套的草图、一件缎面礼服的窸窣声、一双红色的高跟鞋——深深刻入了他的记忆，激发了他对时装世界的专注，甚至是盲目的热情。我们在追溯许多设计师的经历时，也会发现类似的童年记忆，比如克里斯汀·拉克鲁瓦、让·保罗·高缇耶和卡尔·拉格斐等。这并非巧合，他们都以某种方式与圣罗兰产生了千丝万缕的联系。

　　然而，圣罗兰与这些设计师又有着截然不同之处，用他最喜欢的普鲁斯特的一句名言来概括，他属于"神经质的人群"：他极度敏感，需要独处，他后悔自己没有挥霍放纵青春，而重拾青春只是虚妄的幻想，这些特质有时会导致他沉溺于有害的行为。为他的性格弱点贴上"极度脆弱"的标签很容易，但实际上，它体现了圣罗兰完全相反的另一面：这种令人窒息的脆弱是他与生俱来的自信、钢铁般的决心和罕见的坚持自我的能力的另一面。少年时期的圣罗兰对自己的命运抱有"坚定不移的信念"，这让他经受住了学生时代的欺凌和暴力。他回忆道："我看着我的同学们，心里想我会向你们复仇，你们什么都不是，我就是一切。"

另一个矛盾面在于圣罗兰与时尚的共生关系（我们在可可·香奈儿和克里斯托瓦尔·巴伦西亚加身上也可以看到）：一方面，他需要拥抱变化、追求新奇，这是他事业的驱动力；另一方面，他又在探索如何精炼自己的风格，探求一种经典的"优雅"。在旋涡中找准几个锚点和一种永恒性，可以最终定义这位时装设计师的创造精神和作品。圣罗兰的创作过程一向在创新的需求和深入挖掘、重新加工、理解每一个设计细节的渴望之间保持了平衡。我们不妨对比一番他和他永远的朋友兼敌人卡尔·拉格斐在创作过程上的反差，后者在整个职业生涯中不会选择回顾早期系列中的设计，也不力图建立自己的风格，而是随机应变，玩转与他所关联的时装品牌的标志性风格，沉醉于多种身份的试验。

这两位设计师之间的对比，或者说是对立，是非常宝贵的。这种反差就像一张负片，揭示了伊夫·圣罗兰创作视野的真实本质。这两位时装设计师在设计风格、品位、生活方式、社交圈以及他们对职业的理解和实践方面迥然不同。他们的每一面都是对立的："离心力"对"向心力"，"任情绪极端波动"对"绝不被情绪征服"，"沉迷于过去"对"陶醉于当下"，"怀旧之情"对"渴求遗忘"，"冒险诱惑"对"害怕失控"。时装和秀场，正如圣罗兰所补充的那样，不无某种傲慢。

只有一句话，一句圣罗兰的声明，这两位设计师可能都说过，因为拉格斐也常常表达出相同的意思："只有在家里，和我的铅笔，我的绘图纸在一起，我才感到舒服。"对于拉格斐，这句话是社交的序曲，而对于圣罗兰，则只是另一个退隐的借口。

这种根本性的矛盾意识，一种既要融入当下，又想远离现实的渴求，始终贯穿于圣罗兰的生活。这条基准线把我们最初提到的三个面串在了一起，为他与恶魔斗争的、挣扎的一生注入了更多的悲剧色彩，更激发了他创造出辉煌灿烂、充满怀旧气息、极富女性气质的作品。

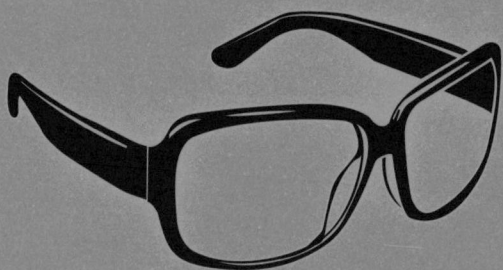

# YSL
# ON
# YSL
# (1)

伊夫·圣罗兰谈 YSL
(1)

过去只要我母亲出门，我总是喜欢看着她。我的母亲非常美丽，梳着丽塔·海华斯[1]那样的发型。她有一套红色丝缎套装，衬托出优美的腿部线条，搭配一双红色的鞋子。我的父亲则穿着晚礼服。这些记忆永远伴随着我。

1　丽塔·海华斯：Rita Hayworth，1918—1987，美国电影明星，20世纪40年代的性感偶像，被称为"爱之女神"。——译者注

★

我的童年拒绝消逝。它像一个秘密，保存在我心中。

★

青春是一种病，我们往往要到晚年才能痊愈。事实上，有些人永远无法康复，他们最终死于这种病。

★

你们知道吗，我是个老顽童。

# I had
# **a wonderful childhood.**
# I was a very sensitive, very happy child.

*I will be less so later in life.*

我有一个美好的童年。我曾是非常敏感、非常快乐的孩子。
后来，我的生活中这种快乐就少了。

Love
is
the best
cure
for
ageing.

爱是对抗衰老的最佳良药。

我经常反叛。我感到很沮丧。我从来不曾，也永远不会拥有青春和无忧无虑的机会。

★

我对自己的年龄一点都不自负。我以孩子的眼光看待生活，这就是我不会变老的原因。

★

年轻就是自私。变老意味着开始为他人着想。

★

我认为在世上只有一种真正的幸福，那就是忘却自我，全心全意为他人奉献。当你努力带给别人快乐，你最终也会获得幸福的回馈。

★

平静安宁是年老后可以享受的第二次青春。它当然和真正的青春一样美好。它是人人皆能企及的奢侈品，是终其一生并终生努力的结果。它是特权的反义词。

在我十几岁的时候，内心燃烧着强烈的渴望，想去巴黎征服这座城市，登上最高的顶峰。我看着我的同学们，心里想：我会向你们复仇，你们什么都不是，我就是一切。

★

我想，我一直忠于那个满怀坚定信念，将自己的第一份设计稿展示给克里斯汀·迪奥的少年。我从未失去过那份信念和信仰。

★

我二十一岁时，突然发现自己被锁在了一个由名声筑成的堡垒中。这个堡垒最终变成了陷阱，我的余生都被困在其中。

# Those around me understood straight away that I was

我身边的人很快就发现了我的与众不同。

# different.

只有在家里，和我的狗，我的铅笔，我
的绘图纸在一起，我才感到舒服。

I only feel
comfortable at
home with my
dog, my pencils
and my papers.

当你生活在熟悉的阴影中，你永远不会真正孤单。

★

怀旧是一场醒着的梦。我是了不起的梦想家。

★

孤独。这是我的动力，也是一种诅咒。

★

我爱我的朋友，但我经常见不到他们。当然，也必须说，名声意味着孤独。

★

我与孤独抗争，因为我热爱生活。但或许，生活并不以爱回报我！

生命是什么？它是一支温度计，顶端是快乐与幸福，底端是痛苦与折磨。而在这两个极端之间不断摆动的，是一颗挣扎的心。

★

你必须学会不能对生活要求过多，要学会欣赏生活给予的一切。我们的失败通常源于对生活要求过高，而对自己要求太少。

★

人类存在的意义的唯一可能源泉是艺术。它是我们唯一能寄予希望获得幸福的途径。

★

仔细审视自己的生活往往会导致眩晕，但正是经历了这种眩晕，我们才能达到完美的平衡。

★

我的个人武器是我看清自己所处时代的能力。

★

说到底，我是一个充满争议的人。

# WHAT IS MY
# GREATEST
# FLAW?

我的软肋是什么？是我自己。

*Myself.*

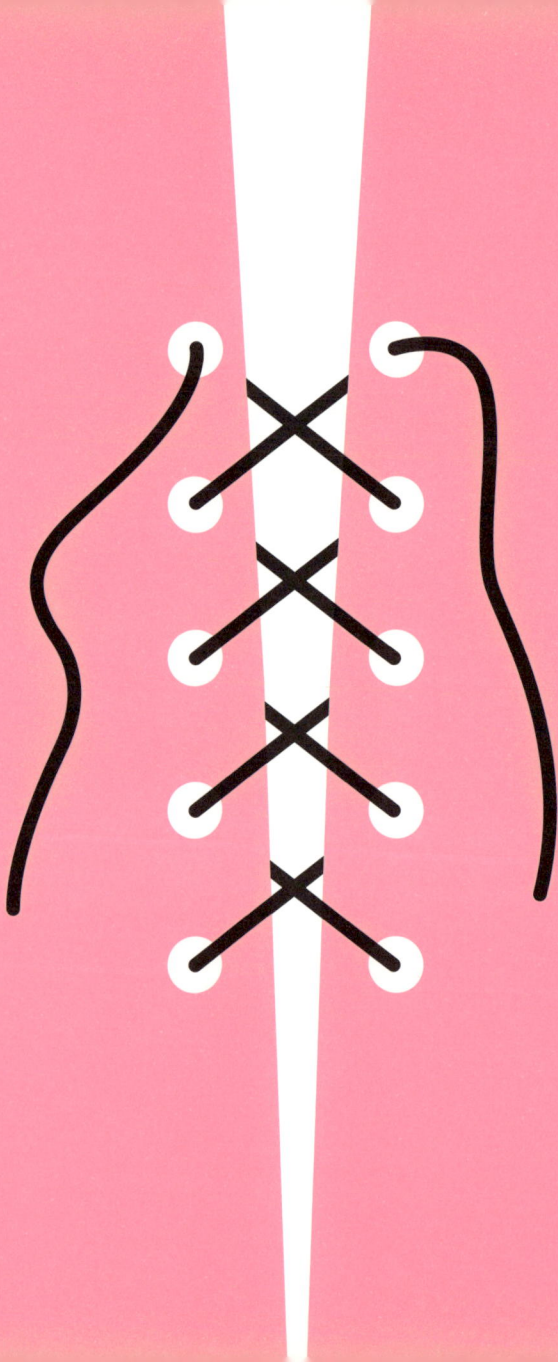

# YSL
# ON
# FASHION

伊夫·圣罗兰谈时尚

**FASHION**
changes,
**BUT STYLE**
is eternal.
**FASHION**
is fleeting,
**BUT STYLE**
is not.

时尚易逝，风格永存。时尚转瞬即逝，
风格恒久不变。

现代生活已经今非昔比，一切都变得如此不同，以至于女性不再希望每一季甚至每年都穿不同的廓形，以此来改变自己。我认为时尚已经达到了某种平衡。

★

对我来说，时尚关乎态度的改变。回顾不同时代的时尚你会发现女性态度的变化。所以我尝试用我自己的小方法来改变女性的态度。

★

这是很残酷的事：创造那些永远不再被看到的东西，创造那些因其本质而注定消失的东西。时尚就是一个会过时的东西……

★

通过香奈儿，我意识到好的东西永不过时。

我热爱服装，但我厌恶时尚。

★

时尚？我们赋予了它太多重要性。这简直会让人发疯。

★

有时，我会怀疑自己在做什么，为什么拼命奋斗。就像上演一场疯狂的表演，充满恐怖，却和时尚不沾边！

★

时尚已经变成了一种杂耍表演。

★

近来，时尚变成了一种表演。有舞台、音乐、布景、噱头，这一切都是为了惊艳众人，为了给人留下印象，而不是为了别的什么。这不再关乎服装本身，而是关乎这场盛景。结果却往往是，新装秀可能完美无缺，但衣服却无法穿着。这也意味着每年都有像热气球一样升起的新名字，然后下一年，这些热气球便消失了。

# Fashion is an incurable disease

时尚是一种无法治愈的病。

**Fashion doesn't change.**
We try to make people
believe that it does.
But some fashions
can transcend change,
can become works of art
that last forever.

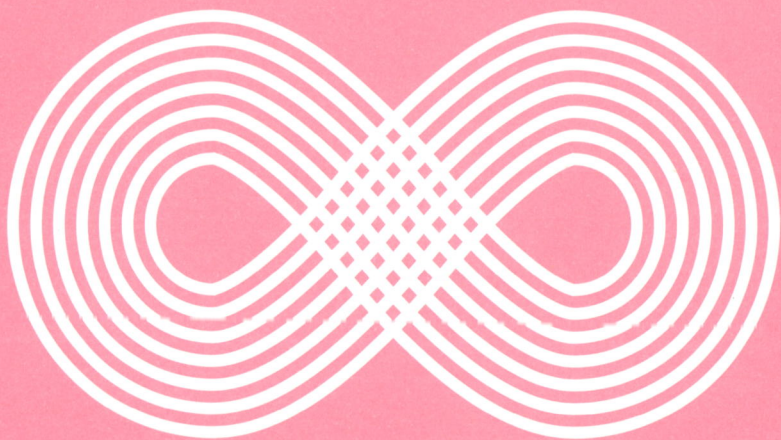

But only some.

时尚并不会真正改变。我们试图让人们相信它在变化。
有些时尚可以超越变化，成为永恒的艺术作品，
但这只限于一部分。

时尚是一种风格的维生素。它能激励你，让你充满活力。但过量也有风险。它会破坏你个性的平衡——对设计师和穿着他衣服的女人一视同仁。

★

如果一件服装的设计已经非常好了，那么我看不出每一季都要改变它的设计有什么意义。

★

有一种时尚是永恒不变的，那便是街头时尚，每个人都可以参与其中。如果你明天有了一个创意，你就能成为一名成功的造型师，但仅凭一个创意，你永远不可能真正缝制出一件衣服。这不是人人都能做到的。任何人都可以创造时尚，但不是每个人都能创作出真正的服装。

★

紧追时髦的女人面临着巨大的风险——她们可能会失去自己的本真、风格，以及与生俱来的优雅。

独裁者的时代已经结束。时尚不再是富人的专属领地，也不再受限于阶级差别。时尚不能与生活脱节，它必须从新奇的、令人兴奋的想法中汲取灵感。我们的目标是吸引女性，让她们心潮澎湃，而不仅仅是为她们提供衣物。时装设计师必须捕捉到他所处时代的精神……时装设计师必须是一个解放者。我们关注青春，因为它已经成为一种强大的力量，一种专为庆祝自我的文化。而我们，年轻的时装设计师，就是这种文化的领袖。

★

在非洲、亚洲和许多斯拉夫国家，服装的变化不大，大多数时候，年轻女性和年长女性穿着相同的衣服。这支持了我的理论：我们在任何年龄都可以穿相同的衣服。

When the revolution comes, it will be driven by young people. There is an abiding conflict between the generations... It's always like that in the fashion world... every twenty-five years the fashion community changes, the reference points change. A new generation is emerging.

当革命来临时，它将由年轻人推动。代际之间始终存在着一种持续的冲突……在时尚界尤其如此……每隔二十五年，时尚界就会发生变化，参照点也会随之改变。一个新的时代正在崛起。

时尚是一场庆典。

# FASHION
# IS A
# CELEBRATION.

时尚永远年轻。它随着时代的变迁而不断演变和转化。它是反映时代灵魂的镜子。时尚与时代共荣共衰，但又会在下一个新时代的节奏中更强劲地重生。

★

时装有两种：一种是耐穿的，永不过时的，比如裤子、战壕装风衣、裙子、衬衫等，这类服装正变得越来越标准化。在我看来，它们决定了设计师的风格或者时代的风格。另一种则是更有趣的那一面，我们称之为时尚，是真正的时装，由每一季或每一年都有变化的小把戏、小细节组成。这就是创造力。

★

我们需要玩乐、轻松、幽默、放纵和矛盾。我们需要庆祝。时尚也应该是一种庆祝，它应该给人们提供一个玩耍、改变、逃避的机会。它应该在某种程度上缓和这个他们被迫生活的令人窒息的灰暗、坚硬的世界。它应该包裹住人们的梦想、他们的逃避以及他们的放纵。

# YSL
# ON
# THE
# CREATIVE
# PROCESS

伊夫·圣罗兰谈创造的过程

当我拿起铅笔，我并不知道自己要画什么。我的意思是，从来没有什么是提前计划好的。这是一个奇迹，一个灵感的瞬间，一条线。我从一个女人的脸开始画起，然后突然间，连衣裙跃然纸上，那件衣服在我脑海中变得清晰，但这并不是我事先想过的。这是最纯粹的创作状态，没有计划，没有遵循任何预设的构想。

★

有一次，我在二十天内设计了一整个系列。二十天的纯粹创作、彻底疯狂，然后在某个晚上，即将抵达午夜之际，一切完成了。有时候，这个过程会痛苦得多，我毫无灵感，但突然间某种东西从我内心迸发出来，就像是我亲眼见证了自己的重生。

★

我学会了对灵感要保持怀疑，要像避瘟疫一样避开它。渐渐地，我意识到时装设计并不是一种艺术，而是一门手艺。它的起点和目标都植根于某种具体的东西：那就是女性的身体。

Some days I can sit for a whole morning without picking up a pencil, then at other times an idea suddenly hits me and I draw forty designs.

有些日子，我可以整整一个上午都不碰铅笔，而在另些时候，突然灵光乍现，我便画出来四十个设计。

**Since my
first collection,
the Trapeze line,
I have been plagued
by constant fear.**

自从我的第一个系列——梯形线条系列面世，
我就被持续的恐惧困扰住了。

创造出有保质期的时装可太不好玩了。那些一年后就死去的裙子，同时，也是你必须要做的裙子。这是一个坟场和铸造厂。我感到自己在生与死、过去与未来之间被撕裂。

★

每次，你都必须对自己所有的假设提出疑问。在时尚界，你承担不起出错的后果。你没有用三四年时间来证明自己正确的奢侈。你必须始终与外界保持联系。我们期待设计师能感知到周围正在发生什么，将要发生什么，并将这一切转化为设计。我给自己织了一条上吊绳。

★

不得不说，我在设计、创作服装时，感觉总是非常糟糕。这是一种持续的恐惧，毫无缘由，却势不可挡。正是这种高度的敏感赋予了我奇妙的创造力，但同时，它也在侵蚀我。

我不相信有创造力的人会感到幸福。创造这个行为是一种绝望的尝试，是试图去传达那些无法通过语言表达的东西。

★

我只能说，我永远不会停止创造。这是我活着的理由。

★

没有痛苦就没有创造力。创造是一件快乐的事，但实现的过程是非常痛苦的。只有当你坚持到最后，才会感到快乐。

★

想成为创造者意味着自愿沉入痛苦的深渊。确实会有一些非凡的时刻，那是当你的生命力在血管中涌动时你所感受到的快乐。

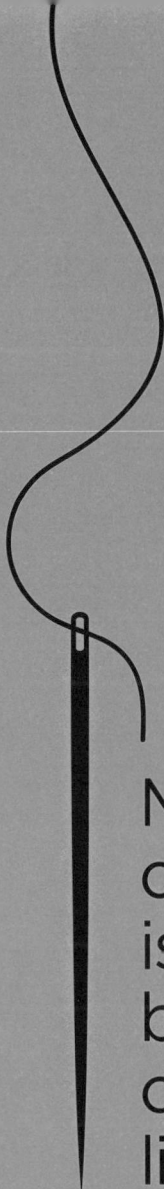

My
career
is the back-
bone
of my
life.

我的事业是我生活的支柱。

街道和我，这是一段真实的爱情故事。

# The streets
# and I,
# it's a true
# love story.

　　我认为天性赋予了我一项才能，一项在任何时候都能理解女人想要什么的才能。我不需要外出、旅行，也不需要寻找让我分心的东西来激发灵感。我总是说我有天线，我所需要做的就是每天早上打开卧室的窗户，呼吸巴黎的空气。

★

　　我最大的灵感来源是从艺术、文学或政治的角度观察这个世界上正在发生的事情，或者只是简单地看看街上走过的女人。这对我来说是一个非常重要的灵感来源，因为它就是生活本身，而时尚则是日常生活的反映。

★

　　街道上存在丑陋的事物也是很重要的。

我活在我的脑海里，而不是活在这个世界上。以前，我经常外出，整晚跳舞，像萨冈那样飙车，但这些都已经过去了。我享受过了那种狂野的生活，所以现在它不再是我生活的一部分。如今，我的灵魂与我的艺术技艺融为了一体。我只是通过它而存在，为它而活，我发现大场面远不如纯粹的美感更能激励我。

★

我非常非常孤独。我用我的想象力去我未曾抵达过的地方旅行。我讨厌现实生活中的旅行。例如，如果我读了一本关于东南亚或埃及的书，即使我从未去过，书中的照片和文字也会让我的想象力把我带到那里。我就这样踏上了最美的旅程。

★

我相信我的想象力超越了正常的极限，它把我带到我不需要去的地方。我最美丽的旅程其实并不涉及任何实质性的旅行。

归根结底，
最美丽的旅程就是你在房间里绕一圈。

The most beautiful
journey, in the end,
is the one you take
around your room.

**Because my work is in museums, perhaps I am truly, now, an artist.**

因为我的作品放在博物馆里，
也许我现在确实是一位艺术家。

*Yves Saint Laurent*

每种艺术都由它的媒介来定义，而我的媒介是服装。

★

艺术和创造力是人类内在神性的体现，是对纯粹的追求。

★

我一直非常重视，并且尊重这个职业，它不完全是艺术，但它需要一个艺术家才能存在。

★

运用我的想象力对我来说非常重要。看着维米尔的《戴珍珠耳环的少女》，我想象出她会穿的那条裙子。我相信那是我所创造的最美丽的裙子之一。

★

如果我们忽视过去的美，任由其消失，又如何创造未来的美呢？

# YSL
# ON
# THE WORK
# OF A
# DESIGNER

伊夫·圣罗兰谈设计师的工作

没有哪种职业要求你每年两次质疑你自以为知道的一切。在每个系列发布之前，我都会产生严重的神经问题，这有确凿的原因。从二十岁起，我就有一种强烈的责任感：如果我出错了，将会有数百人失去工作。

★

筹备新系列是一个可怕的时刻。每次都像是在挣扎，仿佛我的灵感永远枯竭了。然后，大约在系列发布前的两周，灵感的闸门突然开启，那真是一个欣喜若狂的时刻。

对我来说，创作过程一直是痛苦的。

痛苦并非在最初产生想法或画草图的阶段出现，

而是在我必须为一块织物注入生命的时候。

当我手中只有剪刀和针的时候，

一切都显得平淡、愚钝、了无生气。

总有那么一刻，我想撕碎一切，

逃到一个荒岛上赤身裸体地生活，

忘掉绉纱、天鹅绒、丝缎，还有最可恶的——

**collection.**

"系列"，这种种词汇的含义。

# This is how I want my collections to be: a spectacle.

这就是我希望我的新装系列呈现的样子：
一场视觉的盛宴。

我还想说，当你在设计、制作一个新装系列时，它只属于你，是神圣的。一旦你把它交给别人，你会感到沮丧，近乎暴躁，好像有人从你手中偷走了它。于是你会感到抑郁。接着，这种感觉开始消退。然后我最高兴的时刻到来了：你为献给世界某样东西而心生喜悦，你看到女人们穿上你设计的时装和裙子焕发了生机。随后，生活又回归平常。

★

人们根本不知道设计服装有多难。但现在，我作为设计师找到了自我。那是一种突然的感觉：你拥有了只属于自己的东西，它永远不会离开你。那真是一种令人惊叹的感觉。

★

发布一个系列后，我感到精疲力竭。我的身体被抽空，什么都没剩下。它们是由我的双手创造的，但现在它们变成了人们购买、穿戴，甚至可能丢弃的东西。一本书、一幅画、一首歌或一尊雕塑都可以永存，但时装……意识到自己的作品不能长久，真是令人沮丧！

我宁愿让人们震惊，也不愿重复同样的创意让人们感到厌烦。

★

我很难去解释一个新装系列，因为我总觉得自己做的都是同样的事情。

★

随着我职业生涯的进展，我逐渐获得了一直梦寐以求的品质：某种我在起步时完全没有的灵活性和从容感。

★

缝袖子、做裙子，这些看着简单做起来难的事情，正是区分一个人是否是真正的时装设计师的试金石。

★

制造幻觉是设计师工作中很重要的部分。这一直是我的指导原则。

★

现在讨论时尚界的革命已经过时了。真正的革命正在别处发生。思想的革命将铸造时尚的革命。

# For me,
# the true
# avant-garde,
# is
# classicism.

在我看来，真正的先锋派是古典主义。

人们往往认为我们很轻浮，尽管我们的工作是有意义并且严肃的。

★

我所有的裙子都受到一个姿态的启发。一条裙子如果没有反应，或者没有让你联想到某个姿态，那就不是好的设计。一旦你找到了合适的姿态，接下来才可能选择颜色、廓形和面料。在这个创作过程中，你永远不能停止学习手艺。

★

时尚必须令人愉悦、反映当下，并且有趣好玩。但设计师的学识也很重要，他不仅要了解高级定制时装，还必须具备历史和艺术方面的知识。

★

我认为，一个设计师，如果既不是裁缝，又没有学会亲手缝制设计作品所蕴藏的最精巧的秘诀，就像一个雕塑家，把自己的草图交给别人，一个工匠来完成。对他来说，未能全部完成创造的过程总会感觉像是一场中断的爱恋，他的风格将被蒙上羞愧，打上贫乏。

For me, the most beautiful
achievement in fashion is
creating a garment that has
the simplicity and elegance
of a black skirt and jumper.
They are nothing and everything
at the same time.

That is our job:

# PRECISION,
# MODESTY,
# SERIOUSNESS,
# TIMELESSNESS.

对我来说，在时尚界最美好的成就是设计出一件服装，
有黑色裙子和套头衫的简约与优雅。此时无声胜有声。

这就是我们的工作：精准、谦逊、严肃、永恒。

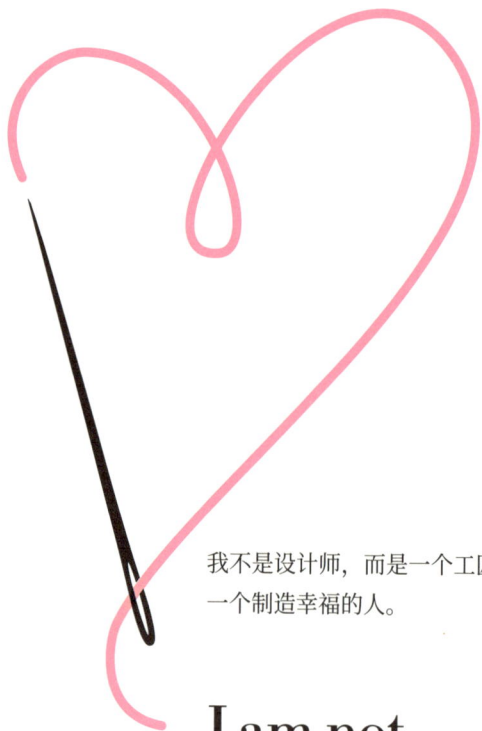

我不是设计师，而是一个工匠，
一个制造幸福的人。

# I am not
# a designer,
# but a craftsman.

# A maker of
# happiness.

感谢上天让我如今成为设计师。

★

这是一个带来很多伤害，但也带来巨大喜悦的职业。

★

对我而言，我受的痛苦越多，我就越有必要创造出让人快乐的东西。

★

我为我的工作而活，也因工作而生。

# YSL
# ON
# STYLE

伊夫·圣罗兰谈风格

# STYLE

要准确地定义一种风格——
描述我所看到的、我感兴趣的——
我必须从头到脚考虑每一个细节。

To define a look
precisely — to describe
what I see, what
I'm interested in —
I have to think about
everything, from head
to toe.

我认为，对设计师来说，最重要的是形成自己独特的可辨识的风格。

★

我和画家、雕塑家、建筑师或音乐家的创作过程相同。对于设计师来说，创造的过程意味着发明新的风貌，开创新的领域，就像香奈儿、巴伦西亚加或迪奥那样；简而言之，就是找到并确立自己的风格。

★

找到自己的风格还不够，你必须保持它、精炼它，为它注入新生。例如西装上衣，现在我可以一年设计四次，每次的设计都与众不同。正是通过完善这些基本单品，我磨炼了自己的风格，成为今天的我。这也是为什么我的作品超越了时尚的原因。这也是为什么女人们可以穿上我多年前设计的裙子，却从未觉得它们过时。

★

优雅属于那些寻求自己风格的人。在生活中亦如时尚。

对我而言，经典意味着永恒和超越时间。

★

我本质上是古典的，我喜欢纪律。

★

服装越简洁，则越完美。

★

"新颖"对我并不太有吸引力。我因为重复自己而受到批评，其实这是一种误解：实际上，我每年都在创新，只是保持了同一种风格。

★

对我而言，没有什么比穿着方式的革命更反风格的了。

★

唯有风格能让你超越时尚。

# I AM NOT TRYING TO REVOLUTIONIZE FASHION, BUT TO REFINE, AGAIN AND AGAIN, THE IDEAL SILHOUETTE.

我并没有试图颠覆时尚，
只是一次又一次地精炼出理想的廓形。

我觉得自己总是在做同样的事情，
事实并非如此。

# I feel like I am always
# doing the same thing
# doing the same thing
# doing the same thing
# doing the same thing
# doing the same thing
# doing the same thing

## but in fact, that's
## not the case at all.

我的工作中什么最重要？是风格。我不会改变，我只是更深入地探索。剪裁会变，潮流会变，唯风格不变。

★

我真正的风格源于男装。这就是为什么我的设计风格具有中性气质。我意识到男人在穿着上更加自信，而女人则不那么自信。因此，我尝试着赋予女性这种自信，给予她们强硬的廓形。

★

正如艺术家要找到自己的风格，女人也必须找到她的风格。一旦她找到了，无论当下的潮流如何，她必定拥有某种诱人的魅力。

★

风格是一幅轮廓，一根线条。风尚短暂，但风格永恒。

★

我的任务是达到最纯粹的境界。

# YVESSAINTLAURENT

*haute couture*

# YSL
# ON
# HAUTE
# COUTURE

伊夫·圣罗兰谈高级定制

# I LIKE

## SOPHISTICATION.

# I HATE

## ANYTHING RICH.

我喜欢精致。
我讨厌任何"有钱味儿"的东西。

对我来说，高级定制并不是人们常说的实验室试验，而是一种风格的锤炼，在其中你可以达到设计成衣无法实现的完美境界。

★

高级定制是我无法割舍的挚爱，我对那些让我和我的时装屋取得成功的人负有重大的责任。

★

高级定制是真正的手工艺，在一个日益标准化、越来越倾向于工业化的时代，保留手工技艺至关重要。此外，它关乎奢华与独特性，与千篇一律相对立。而我们每个人的内心深处都有一种渴望脱颖而出的需求。因此，高级定制时装是必要的。

★

高级定制是这个行业的巅峰。如果你热爱时装，那么在高级定制中你可以实现最高形式的完美。而这对我来说非常重要，我无法想象自己会背弃它。

高级定制意味着奢华与精致，而成衣则代表着生活。成衣为我的设计系列注入了青春活力，而高级定制则增添了一丝高雅与细腻。

★

只要我还能做到，我就会为成衣市场制作实用的服装，并同时为高定系列设计梦幻般的作品。

★

高级定制不再有影响力。现在有影响力的是任何人都能直接买到的时装。

★

我认为成衣是未来的趋势，因为未来充满希望，充满新意。

我决定通过我的成衣系列，
而不是通过我的高定来表达作为设计
师的自我……
我认为，成衣体现了当今的时尚。
它才是时装真正的精髓所在，
而不是高级定制。

1966 年，我成为全球首个开设成衣精品店的高级时装设计师。通过设计与高级定制无关的服装，我意识到自己推动了当时的时尚潮流，让女性进入了一个此前将她们拒之门外的世界。

★

我真正想做的，是做一个像"一角钱商店"[1]那样的连锁品牌，制作价格更低廉的裙子，这样任何人都穿得上，任何人都买得起。

1　一角钱商店：Prisunic，法国一家连锁百货店品牌，以物美价廉著称，与诸多设计师合作推出大众买得起的优质产品，创立于 1931 年，2003 年关闭。——译者注

★

很久以来，我一直坚信时尚的目的不仅仅是让女性看起来美丽，还要让她们感到安心、自信，并让她们在自己的外壳下感到舒适。我始终反对某些设计师将时尚变成满足个人虚荣的异想天开。相反，我总是乐意为女性服务。服务于女性，服务于她们的身体、仪态、风格和生活。我希望伴随她们，走过我们在过去一个世纪中经历的这一波伟大的解放浪潮。

## THAT IS WHY
## I OPENED
# A BOUTIQUE,
## SO THAT I WOULD
## NO LONGER BE JUST
## A GREAT COUTURE DESIGNER.

我之所以开了一家精品时装店，
正是不想仅仅只做一名伟大的时装设计师。

*rive gauche*

我坚信，我们的生活方式正处于一场巨变的边缘，
就像第一届装饰艺术展所呼吁的变革一样具有革命性。
告别丽兹酒店，打倒高高在上，街头风尚万岁！

Down with the Ritz,

down with the moon,

long live the streets!

人们必须先改变自己的生活方式、思想观念和生活态度，才能改变自己的穿衣风格。

★

我认为，尽管曾有一个短暂的时期人们想把自己混在人群里，在统一的制服中抹杀个性，但现在他们渴望脱颖而出，像名人一样打造出个人的形象。他们想强调自己的"性别"。男孩想留胡子，女孩则想表达她们与生俱来的女性魅力。

★

我不太确定一种全新的时装会是什么样子，也不能确定我能做到什么，做不到什么，因为那将意味着放弃我迄今为止所做的一切，重新开始。我预感到一扇巨大的门正向成衣世界敞开，这将是时装的未来，它可能会把时装变得出人意料、迥然不同且不可思议。

高级定制是一门严谨的技艺，但它也是一种代代相传的轻声耳语，是我们彼此传递和重复的秘密：对细节做优雅的处理，我们对剪裁的理解。正是在这一刻，高级定制成为一种艺术形式；这种精湛技艺为法国赢得了高品位的威望和美誉。无论设计师在哪个地方从业，他都必须在巴黎获得认可，否则他将泯然于众人。

★

当高级定制消失，也将是最后一门伟大工艺的终结。

★

我是最后一位伟大的高级定制设计师，高级定制将以我为终。

Haute couture is
a hoard of secrets
that we whisper
amongst ourselves.
There are only a
select few who have
the privilege of
passing them on.

高级定制是我们彼此之间轻声
耳语的秘密宝库。只有少数几
个人有幸传承了这些秘密。

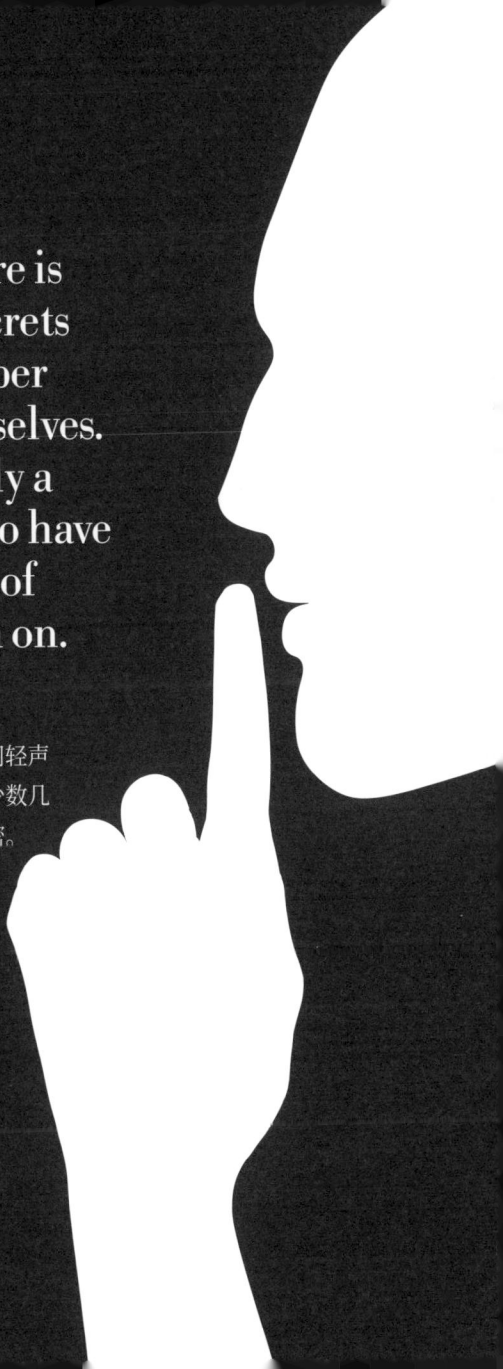

# YSL
# ON
# ELEGANCE

伊夫·圣罗兰谈优雅

我属于一个追求优雅的时代和世界，我在一个非常重视传统的环境中长大。然而，与此同时，我又想改变这一切，因为我在旧时代的魅力和推动我前进的未来之间左右为难。我感到自己被劈成了两半，我觉得我一直都有这种感觉。因为我身处一个世界，却又感受到了另一个世界的存在。

★

如今，一个衣着得体的女人是能够将自己的衣着与个性相匹配。我所认识的最优雅的女人是谁？可可·香奈儿。

★

优雅意味着完全忘记自己穿了什么。关于优雅，有很多的定义和诠释，但最重要的还是一个人的品格。举止的优雅、内心的优雅，和穿昂贵的衣服毫无关系。如果优雅只与华服相关，那太可怕了。

★

优雅体现在举手投足，也是随遇而安的能力。没有从容的内心，何谈真正的优雅。

# What is elegance?

I have a whole host of definitions. If I had to sum it up, perhaps I would say that above all

什么是优雅？我有很多种定义。如果要总结的话，也许我会说，优雅首先是一种生活方式，一种贯穿在生活中、身体里，以及道德上的行为方式。

# it is a way of life,

a way of moving through life, physically and morally.

The word
'*seduction*'
has, if you like,
replaced the word
'*elegance*'.

*Everything has changed.
It's a certain way of*

*life,*

*rather than a certain way of*

*dressing.*

"魅力"这个词，某种程度上，已经取代了"优雅"这个说法。一切已今非昔比。魅力是一种生活方式，而不仅仅是一种穿着方式。

优雅已经改变，魅力取而代之。

★

我不喜欢"优雅"这个词。我觉得它和"高级定制"都是一个过时的词儿。

★

不是我变了，而是世界变了。世界永远不会停止变化，因此我们注定要不断调整我们的视角、感受和判断。确定性、平静、问心无愧，这一切都结束了。优雅也不复存在了。一群留着灰胡子的老人凭什么觉得自己有权以优雅的名义决定什么是好，什么是坏。

魅力就是：多爱自己一点儿，会让你更有魅力。女人最美的妆容是热情。

★

巧妙的伪装是魅力的一部分。女人在运用一些小小的计谋时，会更加动人，因此也更具魅力。

★

当一件衣服在某种程度上消失于无形时，就完成了使命……因为此时你看到的是穿着它的女人，而不再注意到衣服本身。

★

我认为女性在诱惑游戏中最强有力的两种武器是魅力和神秘感。

# What counts is seduction, IMPACT.

What we feel, what we sense. It's purely subjective. Personally, I am more sensitive to gestures than to looks, the silhouette or anything else.

重要的是魅力和影响。
我们的心灵所感知到的，以及感官所感受到的，
这完全是主观的。就我个人而言，
我对仪态比对外观、轮廓或其他任何元素都更为敏感。

当你穿上一件让自己感觉良好的衣服时，
一切皆有可能。一件让自己感觉良好的衣服
是通往幸福的通行证。

WHEN YOU FEEL GOOD IN A PIECE
OF CLOTHING, ANYTHING CAN HAPPEN.
A GOOD PIECE OF CLOTHING IS A

# PASSPORT

## TO HAPPINESS.

一个女人如果尚未找到自己的风格，穿上衣服浑身不自在，无法与自己的衣服和谐共处，那她就是病态的。她不快乐，对自己没有信心，也不具备幸福所需的任何特质。我们常说身体好的时候是感受不到健康存在的，那是一种妙不可言的健康缄默。我们也可以这样说穿衣的缄默，妙不可言的穿衣缄默，那是身体与衣服融为一体的时刻，是你完全忘记自己穿着什么的时刻，是衣服不再对你说话的时刻，也就是衣服不再紧贴着你，你穿着衣服也像赤裸时一样感到舒适的时刻。身体与衣物的完美和谐，往往难以实现，除非身体与心灵、衣服与心灵之间也达成了完美和谐。优雅难道不是意味着浑然不觉自己穿了什么吗？

★

找到自己的风格并不容易。但一旦找到了，就没有比这更幸福的事了。这意味着一生的自信有了支撑。

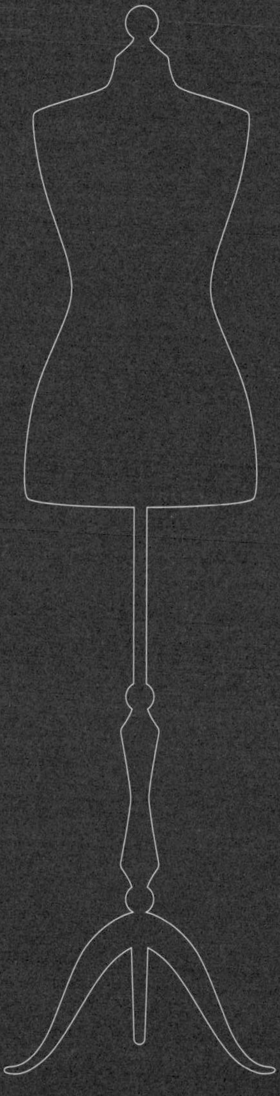

# YSL
# ON
# WOMEN

伊夫·圣罗兰谈女性

我在形成自己风格的过程中，始终从女性身上汲取灵感。为我的风格赋予活力与力量的，是我对女性的理解：了解她们的身体，观察她们的举止，以及她们身体的构造。

★

我认为我为女性的解放已尽了全力。

★

在过去二十年里，我在我的系列中反复使用了一些关键的经典单品：布雷泽外套，水手短大衣，条纹针织衫，雨衣，女士长裤套装，女士衬衫，猎装夹克和塔士多无尾礼服，这使得女性在任何时候都能像男性一样感到舒适。

★

我的梦想是为女性提供经典衣橱所需的基本款单品，而不是迎合短暂的潮流，从而帮助她们增强自信。我希望我的服装能让她们更加快乐。

我创造了当代女性。
我创造了她的过去，
也赋予了她的未来。

# I invented the modern woman. I invented her past, and I gave her her future.

我从不设计抽象的东西，只设计在女性身上焕发出生命力的服装。重要的是身体——我热爱女性的身体。

★

我无法忍受不把女人当作女性的看法，仿佛设计师比衣服更重要。这完全是对女人的不尊重。

★

我喜欢所有可以展现出女性身形的面料。我喜欢那种随形而动的面料。我喜欢透过面料能看到女性的身形。因为在高级定制中，在时装界，最重要的是你所打扮的身体，是你所打扮的女性，而不是你可能有的想法。

★

女人能穿上的最美丽的服饰，是她所爱之人的怀抱。对于那些不够幸运，没找到这种幸福的女性而言，我就有了存在的意义。

A dress is not a piece of
'architecture', it is a house:
it is not made to be looked
at, but to be lived in, and the
woman who lives in it must
feel beautiful and happy.
Everything else is simply a
flight of fancy.

一件服装不是一座"建筑",而是一所房子:
它不是为了被观赏,而是为了被居住才创造出来的,
住在里面的女人必须感到美好和幸福。其余的一切
都只是空想。

I don't search
at all for

# AN

ideal woman,
but

# SEVERAL

ideal women.

我找寻的并不是一个理想女性，
而是很多个理想女性。

在创作时考虑不同类型的女性非常重要，这样才能实现设计的普遍性。

★

我想为我们的时代举起一面镜子，向女性展示她们的形象。女人每六个月就彻底更换一次衣橱的时代已经过去了。如今，女人的服装绝无过时一说，当我看到她们把我过去的设计与我刚发布的新装搭配在一起时，我由衷地欣喜。女人变得越来越自由，我们不应该再妄图束缚她们。

★

在我看来，理想的女性是国际化的女性，我指的是她将所有女性的特质融合于一身……将所有女性融为一体确实很困难。

在不限制女性活动自然自由的前提下，为她们赤裸的身体穿上衣服，这就是我的工作。这是一个裸体女人和织物的神奇魅力之间进行的温柔对话。

★

女人穿衣很容易，她只需有脖子、肩膀和双腿，剩下的由我来处理。一件衣服是从肩膀上垂下来的，也是靠肩膀支撑的。肩膀需要方正，且有棱角。

★

我认为现代女性并非曲线玲珑的。今天的女性是骨感的——她是瘦削的。在 19 世纪，理想女性身材凹凸有致。如今，沙漏身材已经过时了，那是雷诺阿的领域。

★

最终的胜利永远属于女性的身体。我隐藏在她的身后，抹去自己所有的痕迹，以免泄露我作品的真相——面对女性身体的真实，我的创意显得多么谦卑，这就是深刻的真相。

*Nothing is more beautiful than a naked body.*

没有什么
比裸体
更美好的
事物了。

你们为什么总是问我关于女人的事？
因为我是一个女装设计师吗？

# Why

## are you always asking

### me about women?

Because I'm a
couturier?

我深深地爱着女性。也许这只是因为我的母亲，或者我所受的教育。我喜欢诱惑女人，比起和男人交往，我更中意女人的陪伴。

★

对一位时装设计师来说，与美丽的女性为伍是非常重要的!

★

我相信我创造了当代女性的衣橱，为塑造我所生活的时代发挥了作用。我通过服装做到了这一点，服装的重要性当然稍逊于音乐、建筑、绘画或许多其他艺术形式，但无论如何，我还是做到了。

★

有些女性彻底改变了我对时尚的看法。

★

我想感谢那些穿过我服装的女人们，无论是名声显赫的还是默默无闻的，她们一直对我如此忠诚，给我带来了无尽的喜悦。

★

我的人生是一部与女性的爱情故事。

# YSL
# ON
# MODELS

伊夫·圣罗兰谈模特

　　我一直都对女性的服饰很感兴趣。在我还是孩子的时候，我玩过被称作"我的洋娃娃"的人偶，并且很喜欢装扮它们。那时我还会让它们在一个长期躺在阁楼里的老旧木偶剧院玩具上做走秀表演。直至今日，我依然会将时装和舞台表演联系起来。高定时装中也有某种表演元素，因为模特们走秀时的顺序、步伐也是像芭蕾舞剧那样经过精心编排的。

★

　　我的每一位模特都代表着一类我心中的理想型女性。

What inspires
me is

# BEAUTY.

Not the beauty
of the

## *dresses*.

But the

# BEAUTY

of the models
in the

## *dresses*.

是美给予我灵感，并非衣物本身的美，
而是身着这些衣物的模特们的美。

# For me, a piece of clothing has to come alive,

and I need a female body to show how it will fit into daily life.

对我而言，一件衣服必须要有生命，而且我需要通过一个女性的身体去展示它，看它是否适合日常生活。

我需要面前有一副女性的身体。我需要看到一个女人如何举止，看到她的优雅。当我设计一件衣服时，一切都是基于她的姿态、她的身体结构。这就是服装活力和力量的来源。我在两到三名模特的配合下创作一个系列，设计出来的衣服会在之后的秀场上穿到其他模特的身上。

★

我的模特们都是独一无二的，因为她们代表不同类型的女性，从她们的身材、动作和仪态中我汲取了相当多的灵感。有时，仅仅从一位女性、一位模特触摸布料的方式上我就能获得一件衣服的灵感。这就像是在斗牛场中，我的意思是，模特就像是公牛，而设计师则是斗牛士。

★

我同我的模特们之间，以及每位模特和她们身着的衣服之间，都有一种深厚的默契，因为一些特定的服装会被模特的身体自主地排斥，我是说那件衣服不适合她。有时我会把它们穿在更适合它们的模特身上，而有时它们是败笔，不适合任何人。

我钟情于我的模特们，我们一起工作的方式充满了温情。她们身着的一切，她们展现的一切都源于我。起初，在我刚开始设计一个系列的时候，她们也会紧张，但在我的安抚下，她们便会放松下来，随后我们都会很开心。然而同男性模特，我无法培养出这种奇妙的联系。

★

人们无法体会到设计师与模特之间培养出的那种不需要语言的个人默契。模特们能够察觉到我的想象力在何时蓄势待发，她们因自己的身体、姿态和外貌激发了我的创作本能而非常自豪。

The choice of model
is very important to me.
I wrap the fabric around their body
and suddenly an idea hits me.
I talk to them very little
but I truly love them;
they are all in love with me.

模特的选择对我而言非常重要。
我将布料环绕她们身体，灵感会在瞬间涌起。
我与她们言语甚少，但我真心爱着她们；
她们也都爱着我。

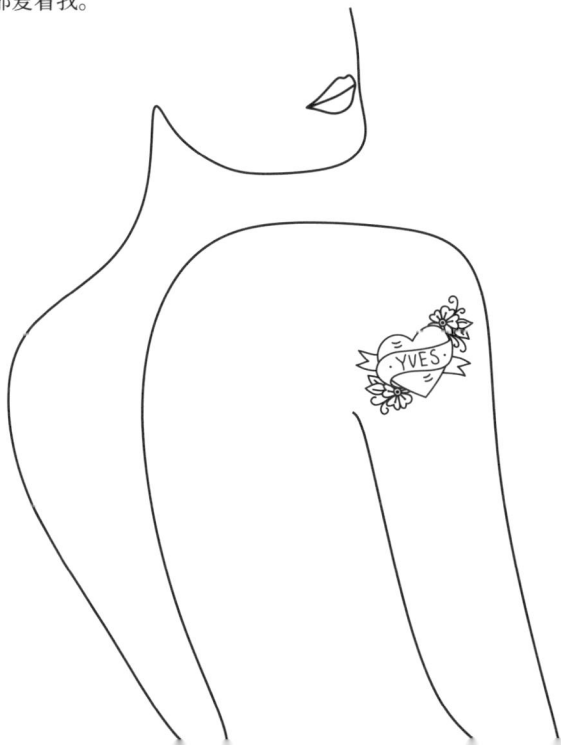

# YSL
# ON
# COLOUR

伊夫·圣罗兰谈色彩

我的第一件作品是为母亲设计的礼服。那是一条黑色欧根纱的鸡尾酒裙。彼时我已然爱上了黑色。

★

黑色是我初期设计的几个系列的精髓。长长的黑色线条仿佛白纸上的铅笔线条：那种以最纯粹的形式所呈现的身形。

★

黑色于我而言是避风港，因为它能够表达我的想法。它让一切都变得更简单、更连贯、更具戏剧性。

★

我喜欢黑色，因为它明确地勾勒出清晰的轮廓，塑造出独特的风格：穿着黑色连衣裙的女人就像一笔精准的铅笔线条。

★

一位女性最美丽的时刻莫过于身着黑色裙子和毛衣，挽着所爱之人的手臂。

# I TURN BLACK

　　我不断回顾那个用雪纺或薄纱制作黑色面纱的构想。它能营造出一种神秘感……一种我们想要揭开面纱才能发现的女性的神秘感。

★

　　我钟情黑色，黑色是我最喜爱的颜色。我认为，一张白纸非常无趣，少了黑色，就少了铅笔的勾勒，也就没有线条。这就是为什么我经常用黑色来装扮女性，因为我喜欢那种让她们看上去像是画作、像是素描的感觉。

★

　　黑色等同于线条，而线条是最重要的，定义整体造型的就是线条。

★

　　黑色是一种奇妙的颜色，它能够创造出其他颜色无法企及的纯净线条。

我将黑色化作一种色彩。

# INTO A COLOUR.

曾经，我主要通过黑色去表达自己，
我畏惧色彩。我不知道如何去运用它们——
或者说，至少自认为我不知道如何去运用它们。
直到我还很年轻、事业刚起步时去了摩洛哥，
尤其是马拉喀什，才开始在作品中使用色彩。
正是摩洛哥的色彩为我开启了
通往色彩世界的大门。

我花了很长时间去适应色彩。

★

突然之间我意识到，服装不应该再由线条去构成，而是色彩。我意识到，我们不应再将一件衣服当作一尊雕塑，而是孩子的一件风铃。我意识到，直至彼时，时装一直被僵化，而从现在起，我们必须让它动起来。

★

瓦赫兰[1]……一座闪耀的城市，一件在北非温暖的阳光下由千种色彩组成的拼布作品。

1　瓦赫兰：阿尔及利亚第二大城市，伊夫·圣罗兰的出生地。——译者注

★

在马拉喀什的每个街角，你都会遇到成群的男女，身着颜色极其引人注目的卡夫坦长袍，粉色、蓝色、绿色和紫色交织在一起。这些人群仿佛出自画作之中，不禁让我回忆起德拉克洛瓦的草图，然而我惊奇地发现实际上不过是生活的即兴创作将他们拼凑到了一起。

除了黑色，我最爱的颜色是粉色。

★

粉色很美，因为它能唤起童年的记忆。

★

我想将那映射在镜中的天空和太阳，做成一袭晚礼服。

★

我热爱金色，那是女性印像中神奇的颜色，如太阳般闪耀。

★

我也爱红色，激进且野性，还有浅褐色，那是沙漠的颜色。

★

金色，纯净。如液体般流动，贴合身体，直至身体化作一缕线条。

## 红色，

构成了妆容的基础，是嘴唇与指甲的颜色。

## 红色，

一种高贵的颜色，是珍稀宝石——

红宝石的颜色，同时也是一种危险的颜色——

有时你需要与火共舞。

## 红色，

一种信仰的颜色，

象征着血液和王权的尊严，

也象征着费德拉[1]

以及神话中无数的女英雄们。

## 红色，

火焰与争斗的象征，

红色如同生与死之间的战争。

1　费德拉：Phaedra，希腊神话中的人物，她是克里特之王米诺斯的女儿，雅典国王忒修斯的妻子。——译者注

Matisse convinced me of the merits of colour, because when I was starting out, I only trusted black.

马蒂斯让我相信了
色彩的价值，
因为在我事业刚起步时，
我只信任黑色。

我的创作，就像画家绘画一样，光线至关重要。

★

打个比方，委拉斯奎兹笔下的裙装就像海洋。我欣赏莫奈笔下被大量使用的、错综复杂的白色。

★

毕加索的作品是完全的极致之作，充满了生命力和真实感。毕加索并不追求纯粹，他的作品是巴洛克式的，有着许多小溪般的线条、许多圆弧，像是他弓上的一丝丝弦。

★

在色彩方面，我深受布拉克和马蒂斯的启发。在我设计一个系列作品的时候，所有的面料均已就位，各色丝绸在我面前铺展开来，就在一瞬间我眼里出现了一种颜色，无比美妙的颜色，于是我将其挑选出来做成一件礼服。

★

蒙德里安的作品追求纯净，并且是纯净的巅峰。他的作品和包豪斯主义艺术风格的纯粹性如出一辙。要说20世纪最伟大的画作，一定是一幅蒙德里安的作品。

# YSL
# ON
# ACCESSORIES

伊夫·圣罗兰谈配饰

在我看来，配饰让一件衣服变成一套完整的装扮，同时也保证了造型的独特性。

★

优雅可不仅仅是衣着或财富，这点显而易见。优雅关乎一个女人的举止和她的仪态，是一种自如，在瞬间给予她相当的自信。就比方，一位女士佩戴着黑玉镶钻的腰带，身穿黑色裙子和毛衣，系一条黑色雪纺围巾，戴着多条手链，足蹬黑色丝袜和黑色鞋子，在我眼中，这便是优雅的极致。这般装扮的女士会觉得穿得很舒适，她的风格源自她所佩戴的与众不同的配饰和珠宝。一个没有个性的女人是迷茫的，她惧怕时尚，无法找到属于自己的风格。

You can never overstate the importance of accessories.
They transform a dress.
I like pairing an
unassuming dress
with a crazy accessory.

你永远不会高估配饰的重要性。它们能改变一件衣服。
我很喜欢为一条不起眼的裙子配上一件激情四射的配饰。

I like gold buttons.

I think they are a kind

of daytime jewellery

for women.

我喜欢金色的纽扣。
我认为它们算是一种适合女性白天佩戴的珠宝。

配饰能改变一件衣服，一个女人。我喜欢手镯——比如非洲风格的手镯或克里特风格的开口金手镯——成串的金项链、珊瑚、翡翠、黑色漆皮腰带、黑色丝袜、雪纺围巾、丝带和高跟鞋——一双经典款的黑色蛇皮皮鞋可以成为整个造型的基础。我也很喜欢珍珠。

★

不需要珍贵宝石、色彩或亮片，只需要黄金，或者最好是镀金，因为我只喜欢人造珠宝。在我看来，腰带就是一件首饰，而不是用来束紧腰身的。

★

在搭配首饰时，我会想到安格尔和德拉克洛瓦。我会去想象维米尔《戴珍珠耳环的少女》中的少女穿的是什么样的裙子，因为在阿姆斯特丹的博物馆里，你只能看到她肩膀以上的样子。

让一个女人衰老的并不是皱纹或白发，而是她的举止。这正是配饰的重要性所在。

★

我的配饰就是动作。一条可以玩弄的围巾，一个带肩带的包让双手自由——没有什么比单手提包更丑的了。一条柔软的腰带——往往是链条腰带——让女人的胯部优雅地摆动，还有口袋。口袋非常重要。设想两位女人都穿着一条长款抹胸式针织连衣裙，这会让人立刻觉得裙子有口袋的那位比没有口袋的那位更有优越感。

★

我喜欢女人摆弄手套时的样子。

★

每个女人会赋予她的衣服以不同的个性，这取决于她会不会尝试用不同的配饰做搭配。

# GLOVES,
## like jewellery,
## are a true
## source of
# PASSION.

手套，如同珠宝，是激情的真正源泉。

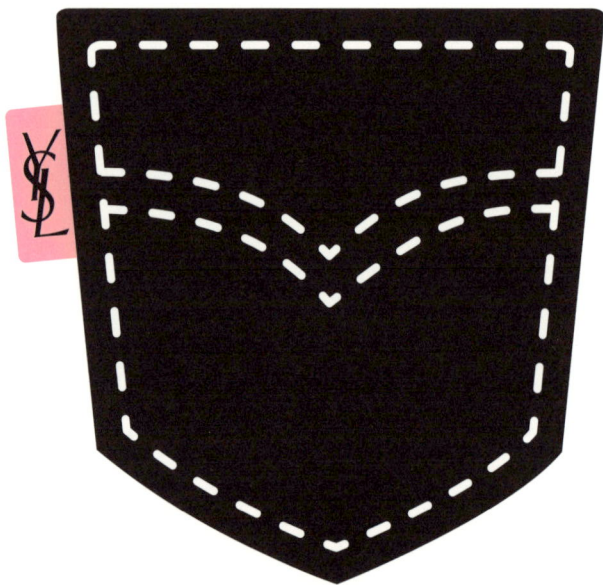

# FROM JEANS
## TO
# TUXEDO
# JACKETS

从牛仔裤到塔士多礼服

我丝毫不抗拒牛仔裤。我认为它们很棒，是我们这个时代的标志性服装。

★

是"垮掉的一代"向我们展示了蓝色牛仔裤的优雅。

★

要说我们这个时代的服装，拿牛仔裤为例。它并非短暂潮流的产物，也不是某位设计师的某季创作，它是经久不衰的存在。就像长裤、毛衣一样。我曾设计过牛仔布的衣服，然而我永远无法达到它原本的那般完美。

★

在牛仔裤之后，无路可走，无处可去。它们是服装与时代的完美结合。这种和谐非常重要。

★

曾经，我受传统的奴役。而现在，我给了女性机会，让她们像穿上蓝色牛仔裤的青春女孩一样，我给了她们青春的幻觉。通过给予她们一个全新的观点、一种全新的穿搭方式，我努力去解放她们。

I'd love to invent something
that comes
**after jeans**.

There must
surely be
something.

我很想发明一些在牛仔裤潮流之后的东西。
这些东西一定是存在的。

Not every
woman
can wear
**trousers**,
but nor
can every
woman
wear every
**dress**.

不是每个女人都适合长裤，
也不是每个女人都适合所有的礼服。

一个女人要把长裤穿出魅惑力，必须展现出她所有的女性魅力。可不是乔治·桑那种穿法。长裤有种特别的吸引力，一种额外的魅力，而不是平等、女性社会自由权利的象征。自由和平等并不能靠穿上一条长裤来获得，它们是一种心态。

★

我推出的时装长裤，在美国引起了轰动。

★

我想，如果有一天你必须选择一张照片去概括 20 世纪 70 年代的女性，照片中一定是一位穿着长裤的女人。

我曾见过一张玛琳·黛德丽身穿男士西装的照片，它给我留下了深刻的印象。一个女人像男人一样穿衣物——不管是塔士多礼服、西装外套，还是海军制服——她的女性气场必须极其强大，才能驾驭那些并非为她所设计的服装。

★

一个穿长裤套装的女人离男性化很远。那种不妥协、严谨的剪裁，反而更加凸显了她的女性魅力、诱惑力以及她的双重特质。她唤起了青春少女的身影，我指的是她把握住了这股强大的力量，颠覆了传统，并不可避免地走向了性别的统一和平等。这种雌雄同体的女人，通过服装与男人平起平坐，打破了传统、经典，同时又过时了的女性形象，并运用她独有的秘密武器（尤其是化妆和发型）克服了表面上的劣势，而这实际上是现代女性那神秘且充满诱惑的形象。

★

自1966年我在新装系列中推出第一件塔士多礼服夹克以来，女人穿男士西装的理念变得愈发强烈，它已经深化并确立为现代女性的象征。

If I had to choose

# one item

from among all those that I have designed,
without doubt it would be the

# tuxedo jacket

···It's almost the
Yves Saint Laurent

# trademark

如果让我从我的所有设计作品中选出一件，
那毫无疑问会是一件塔士多礼服夹克······
它几乎就是伊夫·圣罗兰的标志。

For a woman,

# A TUXEDO

is an essential piece of
clothing that will always
make her feel fashionable,
because it is about style
and not about trends.
Trends change.
Style is eternal.

对女性而言，一件塔士多礼服是必不可少的，
它总能让她散发出时髦的光芒，因为它是种风格，
而非潮流。潮流易逝，风格永存。

街头时尚的变化速度远超高级时装界。当我于 5 年前推出第一件塔士多礼服时，我意识到了这一点。在高定时装界，它是失败的。而在成衣界，它却取得了难以想象的成功。

★

说起塔士多礼服，1968 年我将其大众化，并在 1981年对其做了修改。对我而言它一直很重要，塔士多礼服是一件能够永恒的衣服。

★

我喜欢奢华的感觉，但得是精简过的。比如一位女孩身着黑色塔士多礼服。比如在一众刺绣和亮片的人群中，那一袭黑色针织长裙。人们总是穿得过于隆重。

Christian D.
Gabrielle C.
Cristóbal B.
Hubert de G.
Elsa S.

# YSL
# ON
# DIOR,
# CHANEL
# AND
# OTHER
# DESIGNERS

伊夫·圣罗兰谈
迪奥、香奈儿和其他设计师

对我来说，为克里斯汀·迪奥工作就像是奇迹的降临。我对他怀有无尽的钦佩……他教会了我如何打下艺术的根基。他给予我很多，有恩于我，无论后来发生了什么，我永远不会忘记在他身边度过的岁月。

★

Dior 就像一幅挂在墙上的美丽画作……Dior 意味着精致的装饰、华丽，以及巴洛克风格的光彩。

★

迪奥先生教会了我需要知道的一切。后来，其他的影响也随之而来，正因为他给了我基础，这些影响才能在这片沃土生根发芽……并让我取得自己的话语权，增强自信，展翅飞翔，最终为我自己创造的世界注入生命。

I could never bring myself
to call him

*Christian*,

He was always

*Monsieur
Dior*.

我从来无法称呼他为"克里斯汀",
在我心中他永远是迪奥先生。

I am very flattered that

# *Mademoiselle Chanel*

deigned to show an interest in what I was doing and named me her heir, but I don't agree at all with her claim that I copied her. First of all, if I copied her, I would not be successful in the slightest.

香奈儿小姐愿意对我的工作表现出兴趣并称我为她的继承人，我感到非常荣幸，但我完全不同意她说我抄袭她的观点。首先，如果我真的抄袭她，我根本不会取得任何成功。

香奈儿没有设计那些把女性包裹在昙花一现、充满陈词滥调的流行时装里，而是一直寻求创造持久、永恒的时尚。当我意识到这一点后，它帮助我摆脱了作为设计师的某些坏习惯，我开始减少对草图的依赖，更多地关注身体和面料。

★

我和香奈儿小姐最大的不同是，我尝试设计女性可以融入自己风格的服装，这样她们就可以展现出自己的个性。而穿 Chanel 的女人看起来就像香奈儿小姐。我们两人之间还有一个很大的不同，那就是我热爱我生活的时代。我喜欢夜店，尽管我不常去。我喜欢她称为"yé-yé"[1]的流行音乐，我喜欢服装店，我喜欢一切能定义我们这个时代的事物，而这些对我的创作都有着巨大的影响。

1　yé-yé：20 世纪 60 年代在法国由年轻女性发起的摇滚运动，特点是 yé-yé 女孩（有时也有男孩）以法语独有的温柔优雅气质演绎法式摇滚歌曲。

我无法忍受两种类型的设计师：第一种是那种像炼金术士一样的设计师，他们穿着白大褂躲在工作室里，设计任何小玩意儿之前都要引用一番勒·柯布西耶。这种设计师实在太肤浅了。第二种是那种故弄玄虚的设计师，你永远看不见他，他也目无他物，与时代脱节。这两类设计师都很要命。

★

我认为设计师可以分为三类。第一类是伟大的设计师，是真正的设计师，他们知道如何设计一条非常简洁的裙子或利落的西装让女性感到愉悦。第二类是我称之为"裁缝"的设计师，他们是工作努力、生活朴实的人。这类设计师未免无聊，不乏庸俗。第三类是自诩为异类的设计师，是一群夸夸其谈的人，需要一直听音乐，戴着米老鼠耳朵头饰，用废弃金属和皮革打扮女人……这种人我完全无法理解，他们在我看来毫无存在的意义。

# I
# MAKE
## CLOTHES,

**not costumes.**

我做的是服装，不是高级定制。

There are very
few great designers,
very few

# BRILLIANT
# DESIGNERS

Very, very few.
To be precise, I would say
that there have been two,
only two:

# GIVENCHY
# AND
# MYSELF.

The rest, the others,
they're a mob, they're terrible.
That is precisely what 'fashion' is.
A void.

伟大的设计师非常少，真正卓越的设计师更是少之又少，绝无仅有。
确切地说，我认为还有两位，也只有两位：纪梵希和我自己。
其余的，其他人，只是一群平庸之辈，他们很糟糕。
这就是"时尚"的真实面貌，一片空虚。

卡尔·拉格斐在 Chanel 做得非常出色。至于其他人，我不喜欢他们。

★

我曾深深囿于传统的优雅观念，是库雷热[1]将我拉了出来。他的设计系列激发了我的灵感。我心想："我可以做得更好。"

1　库雷热：安德烈·库雷热（André Courrèges），1923—2016，法国时装设计师。他从现代主义和未来主义艺术流派中汲取灵感，在 20 世纪 60 年代推出流线型设计，并采用最新的弹力纤维和塑料等作为面料，重新塑造了年轻女性的形象。——译者注

★

我的目的不是拿自己和时装大师相比，而是接近他们，学习他们的本领。

★

我坦率地承认，我并不特别钦佩我的高定设计师同行们。我所钦佩的那些人都已经去世了。

我要向那些引导我前行并成为我榜样的人致敬。首先是克里斯汀·迪奥，他是我的导师，是第一个向我揭示高级定制秘密的人。还有巴伦西亚加、夏帕瑞丽。当然，还有香奈儿，她教会了我很多，并且如我们所知，她解放了女性。这为我在多年后赋予女性力量，并在某种程度上解放时尚铺平了道路。

★

香奈儿真正理解女性！她理解自己所生活的时代，她创造了那个时代的女性，这也是她说我是她唯一真正继承人的部分原因。她去世后，我的成功变得更加显著，因为我的风格开始开花结果。

★

巴伦西亚加追求的是风格、勇气，他的作品充满挑衅和性感。迪奥是一个非凡的人，他也有一定的大胆，但不是那种对抗性的大胆，仿佛一记耳光。

★

我最遗憾的是再也没有巨人可以去迎头搏击了。面对纪梵希、巴伦西亚加、香奈儿时，我必须不断超越自我。

四十二年后，我是唯一留下的人。
唯一还在这里，仍然辛勤工作的人。
最后的高级定制设计师。
最后的时装屋。

*I am the only one left,*
*after forty-two years.*
*The only one still here,*
*still working away.*
*The last couturier.*
*The last fashion house.*

# YSL
# ON
# PROUST

伊夫·圣罗兰谈普鲁斯特

*Marcel Proust...*
*his work saturates*
*every part of*
*my life.*

马塞尔·普鲁斯特……
他的作品渗透了我生活的每一个方面。

创作产出是痛苦的，我整年都为工作所累。我像隐士一样把自己封闭起来，足不出户，这是一种艰难的生活，这也是为什么我与普鲁斯特心有戚戚焉，我非常钦佩他对创作之苦的描述。我记得《在少女们身旁》[1]中有一句话："该是怎样深刻的痛苦，令他生出了无穷的创造力？"我还可以引用其他类似的精彩语句，关于同一种痛苦的语句，我把它们抄了下来，装裱好，挂在我位于马尔索大街的书桌上。

1 《在少女们身旁》：普鲁斯特长篇小说《追忆似水年华 II 在少女们身旁》。——译者注

★

他完全被他的工作吞噬了，他遭受了极大的痛苦，为了使作品尽善尽美、尽可能惊人，他牺牲了自己的生活。

★

我觉得我本可以与他成为朋友，但他是一个非常难相处的人……也许他不会愿意和我做朋友。

**伊夫·圣罗兰回答普鲁斯特问卷（1968 年）：**

*你最显著的特质是什么？*
有毅力。

*你天性中的缺点是什么？？*
过于羞涩。

*你最喜欢男性身上什么品质？*
包容。

*你最喜欢女性身上什么品质？*
仍然是包容。

*你最欣赏的历史人物？*
香奈儿小姐。

*现实生活中你认为谁是英雄？*
我欣赏仰慕的那些人。

*你最希望成为什么样的人？*

**垮掉的一代。**

*你认为世间的幸福是什么？*

**与我喜欢的人相伴入眠。**

*你最大的痛苦是什么？*

**孤独。**

*你想生活在哪儿？*

**阳光充足的海滨。**

你最希望具有怎样的天赋？

良好的体力。

你最容易原谅的缺点是什么？

背叛。

你最喜欢的艺术家是？

毕加索。

你最喜欢的音乐家是？

巴赫……还有 19 世纪的音乐家们，以及歌剧作曲家。

除了普鲁斯特，你还喜欢哪些作家？

我太爱普鲁斯特了，以至于很难为其他作家留出空间。不过我也喜欢塞利纳 [1] 和阿拉贡 [2]。

1　塞利纳：路易 - 费迪南·塞利纳（Louis-Ferdinand Céline），1894—1961，代表作有长篇小说《长夜行》。——译者注

2　阿拉贡：路易·阿拉贡（Louis Aragon），1897—1982，法国著名诗人、小说家，创立了"超现实主义"文学流派，代表作有爱情诗《艾尔莎》、长篇小说《受难周》。——译者注

*你最喜欢的颜色是?*

**黑色**。

*你最痛恨什么?*

**有钱人的势利**。

*你的座右铭是什么?*

**我会说诺阿耶[1]的座右铭:"单数的荣誉比复数的荣誉更有价值。"**

1 诺阿耶:安娜·德·诺阿耶(Anna de Noailles),1876—1933,诗人,是第一次世界大战前法国的主要文学人物。——译者注

在所有作家中，普鲁斯特以最深刻的敏感对女性做了最真实的描绘。普鲁斯特的作品让我印象最为深刻的，并不是他对服装的娴熟描写，而是他对人物的刻画。

★

我热爱女人，热爱她们的美丽。我希望能让她们更加美丽，让她们更加光彩照人。就像我所钟爱的马塞尔·普鲁斯特一样：没有人能像他那样，妙笔生花赞美女性。

*I like all of*

# PROUST'S WORK,

*but what I find particularly interest-ing are the 'evenings at Madame Ver-durin's', because I like the way Proust highlights the smallest details to describe the scene, how he re-creates an entire lost atmosphere. The way a person rests their elbow on the table, the way they hold their cup the at-mosphere rather than the characters' psychology.*

我喜欢普鲁斯特的所有作品，特别对"维尔迪兰大人的沙龙"兴趣十足，因为我喜欢普鲁斯特强调的用最微小的细节来描述场景的方式，喜欢看他如何重现消逝的氛围。他对细节的刻画，比如一个人将胳膊撑在桌子上，他们手握杯子的方式……他更关注氛围，而不是人物的心理。

我一遍又一遍地读普鲁斯特……
从未感到过厌倦。我拿起普鲁斯特的书，
在某种程度上，找到了关于我的忧虑和疑惑的
一种答案。

I read Proust again and again...
I don't ever grow tired of it.
I pick up Proust and, in a way,
I get a sort of answer to my worries
and my questions.

在十八岁时，我开始读《追忆似水年华》。我经常拿起这部书重头看，但从来没有读完过。我需要让这部非凡的作品永远等在我的前方。我有一种迷信的心态，如果我读了它，可能会发生某些不好的事情。也许我会死去，谁知道呢？

★

我从来没想过要读完《追忆似水年华》。我总是回过头来，从中间开始重新看这部书。我想，当我终于读完，内心的某种东西将会坍塌。我仍在踟蹰不前。然而，我却非常想去读完这部书。

YSL
ON
YSL
(2)

伊夫·圣罗兰谈 YSL
(2)

我一直在追求的，甚至是不自觉地追求的，是我的工作。我知道，要创造它，我需要切断外界的干扰，在沉默中专注。我也知道，只有创作出一系列作品，才能成为传奇。而我在很年轻的时候就说过，我想成为一个传奇。

★

我还在 Dior 时，人们说我是"继承者"。媒体封我为"小王子"。我的父亲称呼我"君王"。现在，我被视为神话般的人物。这些冠冕有时让我感到沉重。

★

成功并非唾手可得。你所能做的，只能是尽全力赢得成功，否则就会让你的倾慕者失望。

★

我爱自己一点，是为了让别人更喜欢我。被人喜欢是很重要的。每个人都希望如此。

★

我的内心充满着爱，也收获了很多爱的回馈。

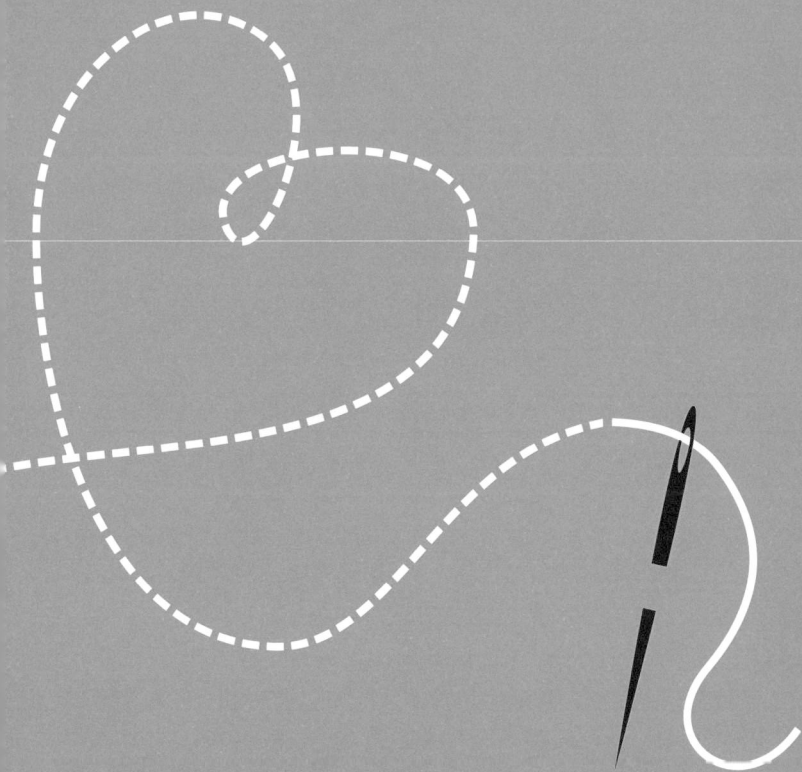

My heart is the
driving force behind
my entire life.

我的心是我全部生命的驱动力。

A hundred years
from now, I would
like people to study
my dresses,
my sketches.

一百年后，我希望人们能研究我的裙子和我的草图。

我并不觉得自己是传奇，每次有人在街上认出我，我还是感到很惊讶。

★

幸运的是，我从未经历过某种毁灭性的伤痛，那是来自不被认可的痛苦。

★

真是难以置信，年轻人非常喜欢我。我在年轻人，甚至是非常年轻的人群中很受欢迎，我想这是因为我的内心始终保留着那份童真和青春，这让我和他们是一样的人。

我画得不太好，也不太善于表达。我本想成为一名画家……但我想做的事太多了！

★

我本想成为一名作家。有一段时间我写了很多东西。后来我停笔了，因为我不可能同时做两件事，既要写作，又要从事这份让我大部分时间都感到麻痹的可怕职业。我满脑子都是服装。

★

我曾在戏剧业和时尚业之间犹豫不决。正是遇见了克里斯汀·迪奥，他把我推进了时尚业。

★

我被命运宠爱。我做的事情，完全就是我想做的。

**If I hadn't
been a designer,
I would definitely
have gone into
the theatre.**

如果我没有成为一名设计师，我肯定会进入戏剧行业。

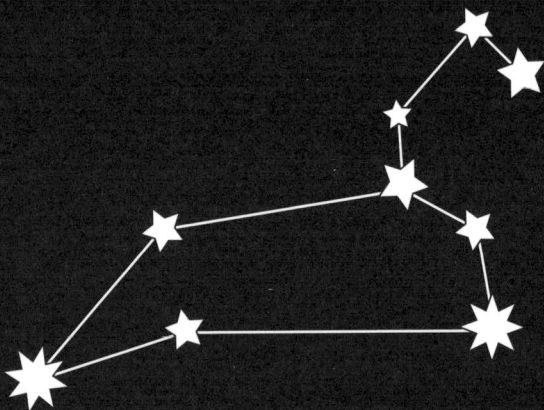

# The future?

**I never think about it.
I know that I have a future.
It is waiting for me somewhere,
I will go to meet it.
That's all.**

未来？我从不去想它。我知道我有一个未来。
它在某个地方等着我，我会去迎接它。仅此而已。

遗憾？没有，我没有任何遗憾……除了遗憾逝者如斯夫，遗憾河流一去不复返。

★

我用了四十年的时间试图找到自我，有时我觉得自己仍在探索。

★

这么多年来，我经历了一次又一次的抑郁，但我总能战胜它们。我的内心有一股力量，一种强烈的决心，推动我向着希望和光明前进。我是战士，也是胜利者。

★

当我回首往事，我记得我的青春，我的夜晚，我的狂欢派对。于是我微微地笑了。

★

我不惧怕死亡。我知道死亡可能随时降临，但是，尽管这想法很奇怪，也可能有些自私，我并不觉得它会摧毁我的生命。

我经历过无数痛苦和地狱般的折磨。我见识了恐惧和可怕的孤独。虚假的朋友如镇静剂和毒品。囚禁在抑郁和精神病院里。终于有一天，我从这一切中走出来了，迷茫但清醒。

★

马塞尔·普鲁斯特告诉我："那些神经质的人结成浩繁而可怜的家族，是世间的盐。"不知不觉中，我成了这个家族的一员。它是我的家族。我没有选择这种毁灭性的血统，但正是它让我抵达创造的巅峰，得以与兰波所称的"盗火者"们比肩，找到了自我。这让我意识到，生命中最重要的相遇是我们与自己的相遇，而最美丽的天堂是我们曾经失去的乐园。

*I won't forget you.*

Yves Saint Laurent

我不会忘记你。
《告别演讲》，2002 年 1 月 7 日

# 参考资料

**MAGAZINES AND NEWSPAPERS**

*Air France Madame, Arts, Candide, Dépêche Mode, Dutch, Elle,*
*L'Express, Le Figaro, Focus, Gala, Glamour, Globe, L'Insensé,*
*Interview, The Japan Times, Jardin des Modes, Life Magazine,*
*Madame Figaro, Marie Claire, Men's Wear, Le Monde,*
*New York Magazine, Le Nouvel Observateur, The Observer,*
*Paris-Match, Le Point, Point de Vue, Saga, Tatler,*
*Témoignage Chrétien, Vogue Magazine US,*
*Vogue Magazine Paris, Women's Wear Daily, 20 ans.*

★

**BOOKS**

*Histoire de la Photographie de mode* (Nancy Hall-Duncan; Éditions
du Chêne, 1978) · *Yves Saint Laurent et le Théâtre* (Éditions Herscher
—
Musées des arts décoratifs, 1982) · *YSL par YSL* (Éditions Herscher —
Musée des arts de la mode, 1986) · *Histoire technique et morale du
vêtement* (Maguelonne Toussaint-Samat; Bordas, 1990) · *Yves Saint
Laurent* (Laurence Benaïm; Grasset, 2002 and 2018) · *Yves Saint
Laurent, 5 avenue Marceau 75116 Paris* (David Teboul; Éditions
de La Martinière, 2002) · Exhibition catalogue, *Yves Saint Laurent,
Dialogue avec l'art* (Fondation Pierre Bergé — Yves Saint Laurent,
2004) · *Yves Saint Laurent Style* (Éditions de La Martinière, 2008)
· Exhibition catalogue, *Yves Saint Laurent* au Petit Palais (Florence
Müller, Farid Chenoune; Fondation Pierre Bergé — Yves Saint Laurent,
Éditions de La Martinière, 2010) · Exhibition catalogue, *L'Asie rêvée
d'Yves Saint Laurent* (Musée Yves Saint Laurent Paris, éditions
Gallimard, 2018).

★

***TELEVISION***

DIM DAM DOM via ORTF,
Fuji TV, Archives INA.

★

***DOCUMENTARY FILM***

*Yves Saint Laurent: His Life and Times* (2002),
written and directed by David Teboul.

★

Farewell speech by Yves Saint Laurent,
7 January 2002.

Archives du Musée Yves Saint Laurent Paris.

★

# 作者简介

帕特里克·莫耶斯（Patrick Mauriès），作家、编辑、记者，出版了一系列关于艺术、文学、时尚和装饰艺术的书籍和文章。他为被埋没的创意人士，如艺术家和设计师皮耶罗·福纳塞蒂（Piero Fornasetti）、时装插画家勒内·格鲁奥（René Gruau）和首饰设计师莱娜·沃特林（Line Vautrin），以及时尚界名家，如让-保罗·古德（Jean-Paul Goude）、克里斯汀·拉克鲁瓦和卡尔·拉格斐等人撰写了多本书籍。

让-克里斯托夫·纳皮亚斯（Jean-Christophe Napias），作家、编辑，2009 年创立了出版社"独特的出版商"（l'éditeur singulier）。他撰写了多本关于巴黎的书籍，最新的作品是《巴黎哪里可以找到宁静》（*Where to Find Peace and Quiet in Paris*）。

**图书在版编目（CIP）数据**

伊夫·圣罗兰谈YSL / (法) 伊夫·圣罗兰口述；
(法) 帕特里克·莫耶斯, (法) 让-克里斯托夫·纳皮亚
斯编；刘川译. -- 重庆：重庆大学出版社, 2025.5.
(万花筒). -- ISBN 978-7-5689-5082-4

Ⅰ. TS941.745.65

中国国家版本馆CIP数据核字第2025K4Z775号

# 伊夫·圣罗兰 谈 YSL
YIFU SHENGLUOLAN TAN YSL

[法] 伊夫·圣罗兰（Yves Saint Laurent）　口述
[法] 帕特里克·莫耶斯（Patrick Mauriès）
[法] 让-克里斯托夫·纳皮亚斯（Jean-Christophe Napias）　编
刘川　译


责任编辑：张　维
责任校对：谢　芳
责任印制：张　策
书籍设计：崔晓晋
内页插画：伊莎贝尔·舍曼
特约审校：李孟苏

重庆大学出版社出版发行
出版人：陈晓阳
社址：（401331）重庆市沙坪坝区大学城西路 21 号
网址：http://www.cqup.com.cn
印刷：北京利丰雅高长城印刷有限公司

开本：787mm×1092mm　1/32　印张：5.625　字数：94 千
2025 年 5 月第 1 版　　2025 年 5 月第 1 次印刷
ISBN 978-7-5689-5082-4　定价：89.00 元

Published by arrangement with Thames & Hudson Ltd,London
*The World According to Yves Saint Laurent*©2023Thames & Hudson Ltd,London
Edited compilation©2023 Patrick Mauriès and Jean-Christophe Napias
Foreword©2023 Patrick Mauries
Illustrations and design by Isabelle Chemin

This edition first published in China in 2025 by Chongqing University Press Limited
Corporation, Chongqing
Simplified Chinese edition ©2025 Chongqing University Press Limited Corporation

版贸核渝字（2024）第291号